9787569959888

DeepSeek
高效学习法

零基础入门手册

（随书赠阅）

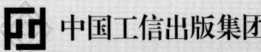 中国工信出版集团  人民邮电出版社
POSTS & TELECOM PRESS

目　录

中小学生向 DeepSeek
提问的十大原则

在 AI 快速发展的时代，找到答案已经变得越来越容易，但提出好问题仍然是稀缺的能力。学习的本质，不是被动获取信息，而是通过深度思考和高效提问，不断拓宽认知边界、优化决策，最终解决实际问题。

大家都已经对 DeepSeek 的大模型比较熟悉了，在我看来，它有三大优势，分别是深度推理、情景模拟、分步引导。在真正开始讲解"DeepSeek 高效学习法"之前，我先总结向 DeepSeek 提问的十大原则。对使用 AI 的新手来说，这是一份非常便捷、容易"上手"，能让提问的质量在"及格线"之上的攻略。AI 决定不了一个人能力的上限，但可以抬升其能力的下限。

1 明确目标，有的放矢

原则：提问前想清楚你想解决什么问题，希望得到什么帮助。

例子：不要问"怎么学好数学"，而要问"我读初二，几何证明题总是没思路，有什么方法可以提高"。

原理：明确的目标能让 DeepSeek 更精准地提供帮助，避免泛泛而谈。

2 具体描述，提供背景

原则：尽量详细描述你的问题，包括你的年龄、学习情况、遇到的困难等。

例子：不要问"怎么提高英语成绩"，而要问"我读初三，英语单词记不住，听力也跟不上，有什么方法可以快速提高成绩"。

原理：详细的背景信息有助于 DeepSeek 更好地理解你的问题，提供个性化的建议。

3 拆分问题，化繁为简

原则：将复杂的问题拆分成几个小问题，逐个解决。

例子：不要问"怎么规划未来"，而要问"我对计算机感兴趣，但不知道具体方向，能推荐一些相关的职业吗"。

原理：拆分问题可以降低问题难度，使 DeepSeek 更容易找到解决方案。

4 积极思考，主动探索

原则：不要只依赖 DeepSeek 的答案，要结合自身情况思考和实践。

例子：不要问"这道题怎么做"，而要问"这道题的解题思路是什么？我哪里想错了"。

原理：主动思考和实践能加深理解，提高解决问题的能力。

5 保持开放，接受多元

原则：不要局限于一种答案，要接受不同的观点和建议。

例子：不要问"学文科好还是理科好"，而要问"文科和理科分别有哪些优势和劣势？我该如何选择"。

原理：多元的观点能拓宽视野，帮助你做出更明智的选择。

6 尊重隐私，保护安全

原则：不要透露个人隐私信息，如姓名、住址、学校等。

例子：不要问"我住在××小区，附近有什么好的补习班"，而要问"××科目有什么好的在线学习资源"。

原理：保护隐私和安全是网络交流的基本原则。

7 理性判断，避免盲从

原则： 对 DeepSeek 的答案要保持理性判断，不要盲目相信。

例子： 不要问"DeepSeek 说 ×× 方法一定有效，是真的吗"，而要问"×× 方法的原理是什么？有哪些成功案例"。

原理： 理性判断能帮助你辨别信息的真伪，避免被误导。

8 持续学习，不断进步

原则： 将 DeepSeek 作为学习工具，不断探索新的知识和技能。

例子： 不要问"怎么应付考试"，而要问"如何培养终身学习的习惯"。

原理： 持续学习是个人成长和发展的关键。

9 积极反馈，共同进步

原则：对 DeepSeek 的答案进行反馈，帮助其不断改进。

例子：不要只问问题，也可以分享你的学习经验和心得。

原理：积极的反馈能促进 DeepSeek 的进步，也能帮助更多人。

10 享受过程，快乐学习

原则：将提问和学习视为一种乐趣，享受探索知识的过程。

例子：不要问"学习好累，怎么办"，而要问"如何让学习变得更有趣"。

原理：快乐学习能提高学习效率，让你更享受学习的过程。

DeepSeek × 学生版：
100 个 AI 高效提问示范

1 学科学习提问（数学、英语、语文等）

1. 我用的单词记忆法背单词总是忘，还有更适合我的方法吗？

2. 我的作文开头太平淡，怎么改能吸引人？

3. 帮我分析这首古诗的情感变化，并找出关键句。

4. 请用生活中的例子解释一次函数的概念，讲给五年级同学听。

5. 请帮我总结这篇英语阅读的文章结构，并画出思维导图。

6. 如果这篇说明文删掉一段内容，影响大吗？为什么？

7. 请以"工业革命"为例，讲讲它和今天生活的关系。

8. 请用对比法说明圆和椭圆在生活中的不同应用。

9. 除了方程法，这道应用题还有哪些不同的解法？请帮我列两种。

10. 请帮我拆解这一道压轴数学题的解题步骤。

2 跨学科思维与表达提问

11. 写英语作文时，能不能用地理知识来丰富细节？

12. 数学统计方法可以用在历史学习里吗？比如人口变化分析。

13. 如果把生物知识用在科幻小说里，可以有哪些创意？

14. 数学中的函数思想，能用在时间管理上吗？怎么用？

15. 如果把《水浒传》和足球战术对比分析，有哪些相似点？

16. 历史事件如果拍成电影，你觉得哪些镜头最重要？

17. 如果用编程思路解决语文阅读题，可能会怎么操作？

18. 这次社会调研，如果加上心理学的视角，会得到哪些不同发现？

19. 用科学实验的思维，设计一个历史小研究计划。

20. 给我设计一份结合科学、文学、艺术的兴趣项目计划书。

3 学习计划：科学规划，高效执行

21. 这周我有五门考试，怎么安排复习顺序最合理？

22. 如果每天只能学 3 小时，哪些科目该优先？为什么？

23. 帮我设计一个"期末冲刺七天计划"，包含每天的重点任务。

24. 怎样整理"错题本"最科学？可以给我三个不同模板参考吗？

25. 如何利用碎片时间高效记单词？能推荐几种创意方法吗？

26. 怎样把听力、阅读、写作训练结合起来，提高英语综合能力？

27. 想在一个月内提高作文分数，哪些训练方法效果最好？

28. 复盘上学期成绩，怎么找出最大的提升空间？

29. 学习新知识时，如何判断自己是真的掌握了，还是"假懂"？

30. 请帮我把寒假作业拆成每天的"小目标"，并留出机动时间。

4 时间管理：破解拖延，稳步前进

31. 为什么我一复习就想玩手机？有没有简单好用的小妙招？

32. "番茄工作法"和"专注森林"哪个更适合初中生？

33. 晚自习效率总是低，怎么调整作息或节奏能改善？

34. 帮我设计一个"周末高效学习日"的时间表。

35. 作业总拖到睡前才做，怎么做能提前完成？

36. 如何给自己设置奖励机制，让学习更有动力？

37. 为什么"先玩后学"容易拖延？有没有心理学解释？

38. 有哪些办法能让我上课45分钟都保持专注？

39. 考前24小时该怎么安排复习时间才最有效？

40. 如果每天多出30分钟，我该优先用在哪门功课上？

5 考试策略：临场应变，精准突破

41. 如果考试时间不够，应该先做哪类题型？

42. 怎样快速找出阅读理解的中心观点？

43. 数学考试遇到不会的题，是跳过还是硬做？

44. 写作文时临时想不到例子，AI 能帮我生成哪些参考？

45. 帮我总结古诗文默写的高频考点，做成背诵清单。

46. 英语作文想拿高分，最关键的三招是什么？

47. 考场上紧张怎么办？有哪些简单有效的心理暗示技巧？

48. 考前 30 分钟快速回顾错题，有什么高效方法？

49. 面对压轴题，怎么避免一上来就掉坑里？

50. 数学答题顺序调整，真的会影响分数吗？

6 阅读与表达：理解文章，表达观点

51. 这篇文章作者用了哪些表达技巧？

52. 如果把这首诗改写成短文，应该怎么构思？

53. 英语演讲稿结尾怎么写才能有力量？

54. 怎样找到文章的"潜台词"，避免只看表面？

55. 帮我设计一个"30 天阅读打卡计划"，提高理解力和速度。

56. 如果把小说换个主角，故事可能怎么发展？

57. 辩论赛上，怎样提出有冲击力的反方观点？

58. 如何用"三明治结构"写好议论文？

59. 古诗词阅读总丢分，有没有系统训练方法？

60. 我读的这篇文章，能从哪些维度帮我打分？

7 研究与探究：发现问题，动手求证

61. 我想研究"空气质量"，怎么确定研究问题？

62. 能否帮我查找国内外关于"节水"的案例？

63. 做科学实验时，怎么保证数据准确？

64. 写一份"校园垃圾分类"调查报告，开头怎么写更
    吸引人？

65. 有什么好方法整理实验中的变量关系？

66. 想研究"自习室效率"，怎么设计实验？

67. 如何用思维导图梳理科研论文的结构？

68. 选题太大怎么办？有什么"缩小范围"的技巧？

69. 如果研究结果和假设相反，怎么解释？

70. 怎么判断一篇研究报告是否有创新点？

8 兴趣与特长：深入探索，找到热爱

71. 我喜欢画画，怎么策划一个完整的创作项目？

72. 想把科学兴趣和绘画结合，能做哪些跨界作品？

73. 阅读爱好怎样转化成演讲或分享？

74. 能不能帮我模拟一些职业体验，看看适不适合我？

75. 我爱踢足球，怎么设计个人训练计划？

76. 如何用兴趣做一份"成长档案"？

77. 摄影兴趣怎么变成暑假的小项目？

78. 我想学编程，推荐哪些入门路径？

79. 弹钢琴和写作时间冲突，怎么平衡安排？

80. 我爱历史，可以做哪些有趣的小创作？

9 生涯探索：认清自己，发现可能

81.我喜欢提问和表达，适合哪些职业？

82.怎么分析自己的性格，看看适合做什么工作？

83.采访老师前，准备哪些高质量问题？

84.参观科技公司后，怎么整理收获？

85.我喜欢动物，未来有哪些相关职业？

86.暑假怎么安排一次职业体验？

87.想当编剧，现在能做哪些准备？

88.学文学和计算机有相通点吗？

89.能否帮我整理适合的专业列表？

90.班级生涯分享会，选什么主题会更有趣？

10 自我管理：复盘成长，调整步伐

91. 这学期最值得骄傲的突破是什么？

92. 失败后的复盘报告怎么写？能帮我生成模板吗？

93. 如何用"黄金问题清单"做一次成长反思？

94. 每周总结怎么写最有效？有推荐格式吗？

95. 为什么我做事总是半途而废？有没有改进建议？

96. 如何记录小成功，增加成就感？

97. 复盘一次考砸的原因，可以帮助我分析吗？

98. 怎样把兴趣、目标、行动做成一个成长地图？

99. 想养成"每月复盘"习惯，从哪些角度入手？

100. 帮我设计一个"期末成长复盘表"，包括情绪、成绩、习惯等维度。

DeepSeek × 家长版：
50 个 AI 高效提问示范

1 学科学习与自学指导（10个）

1. 请帮我分析孩子最近的数学错题，看看是知识漏洞还是粗心导致的？

2. 除了死记硬背，语文古诗文背诵有没有创新型复习法？

3. 针对孩子英语听力薄弱的问题，可以帮我设计一个提升方案吗？

4. 如果孩子总说"物理太难"，我们可以换哪些生活场景来激发他的兴趣？

5. 帮我用思维导图梳理孩子这学期的重点知识，看看是否有遗漏。

6. 针对作文跑题问题，可以帮孩子搭建哪些万能写作框架？

7. 怎样用跨学科思维帮助孩子理解数学中的概率问题？

8. 如果孩子成绩起伏大，能帮我分析他哪些科目成绩波动最大吗？

9. 孩子总说作业太多，帮我看看各科作业量是否平衡。

10. 作为家长，我怎样用提问法帮助孩子复盘一次单元测试？

② 时间管理与习惯养成（10个）

11. 孩子早上起不来，能帮我制订一个温和调整作息计划吗？

12. 针对拖延症，可以提供哪些适合小学生的时间管理小游戏？

13. 如果作业总是拖到晚上十点，家长该怎么优化晚间生活节奏？

14. 请帮我设计一个"双休学习＋娱乐"平衡计划，避免周末躺平。

15. 如何用番茄工作法帮助孩子提高专注力？有没有适合小学生的版本？

16. 如何帮孩子建立每日复盘习惯，可以提供示范模板吗？

17. 针对孩子"写作业磨蹭"，家长该用什么正向激励方法？

18. 如果孩子总说作业"写不完"，我们要从哪些环节入手拆解任务？

19. 针对期中考前两周，帮我设计一份倒计时复习方案。

20. 请帮我生成一张家庭学习作息表，兼顾三个年级的孩子。

3 情绪沟通与心理支持（10个）

21. 孩子说"我不行""我太笨了"，家长怎么正确回应？

22. 如果孩子考试失利很沮丧，可以帮我写一段安慰鼓励的话吗？

23. 面对青春期的"冷暴力"，家长应该怎么用提问引导对话？

24. 如何帮助孩子识别学习焦虑，并找到减压方法？

25. 孩子抱怨学校生活无聊，能帮我设计一些有趣的小挑战提案吗？

26. 如果家庭氛围紧张，可以模拟亲子沟通场景，帮我练习对话吗？

27. 怎样用反向思维提问，激励孩子重新看待失败？

28. 面对孩子的坏情绪，家长有哪些心理暗示语可以用？

29. 每周一次家庭情绪复盘，可以围绕哪些问题进行？

30. 请帮我生成"情绪温度计"，用来观察孩子一周的心理状态。

4 兴趣特长与生涯探索（10个）

31. 孩子喜欢画画，能推荐一些创意项目帮助他展示作品吗？

32. 如果孩子兴趣广泛但难以专注，家长该如何帮助筛选？

33. 请帮我设计一次"职业体验日"，适合四年级孩子参与。

34. 面对孩子说"我想当科学家"，我们该问哪些深入的问题拓展他思路？

35. 怎样引导孩子发现兴趣中的潜在职业可能？

36. 如果孩子喜欢动物，能推荐一些与之相关的职业吗？

37. 怎样把音乐爱好转化为具体的训练目标？

38. 在家庭旅行途中，如何做一次小型的"职业观察"活动？

39. 可以帮我出一套针对小学生的职业启蒙问卷吗？

40. 如果孩子说"我没兴趣"，家长应该用什么问题引导他自我探索？

5 亲子共学与家庭成长（10个）

41. 帮我和孩子共读一本书，并设计亲子讨论问题。

42. 如果全家人想开展每周一次的"知识分享会"，应该怎么策划？

43. 孩子上网课，我怎么陪同参与而不打扰他？

44. 请帮我设计一张"家庭任务清单"，鼓励大家分工合作。

45. 如何用提问方式，激发孩子主动给家长"讲知识"？

46. 家长可以用哪些方法，每周与孩子共同总结成长收获？

47. 怎样利用周末半天，做一次有趣的家庭共学小项目？

48. 可以帮我生成一封亲子共学计划倡议书吗？

49. 如果全家制定年度目标，哪些板块是必填的？

50. 面对家庭争吵，家长怎样用提问法帮助大家复盘？

DeepSeek × 教师版：
50 个 AI 高效提问示范

1 备课设计：精准备课，激发兴趣

1. 针对这篇课文，哪些提问能激发学生的批判性思维？

2. 如何用生活化案例讲清"物质循环"的概念？

3. 这节课设计的小组活动，怎样调整更有挑战性？

4. 针对不同学情，能否帮我定制一些差异化练习？

5. 如何用跨学科素材提升这堂英语阅读课的趣味性？

6. 怎样用思维导图辅助讲解"圆的面积公式"的推导过程？

7. 如何在讲授古诗时，设计多维度的问题？

8. 这节实验课有哪些可能的安全隐患，如何预防？

9. 能否帮我优化课堂导入环节，设计一些引人入胜的开头？

10. 针对"函数应用"，请推荐三种实景案例做课堂练习。

2 学科融合：跨界整合，创新教学

11. 如何用历史事件中的数据做成统计分析练习？

12. 融合地理与英语，设计一次旅行策划类写作任务。

13. 数学建模思想可以用于体育训练评价吗？怎么设计？

14. 如果用科幻小说形式呈现生物知识，主题有哪些？

15. 请帮我策划一个科学与美术结合的创意课程。

16. 如何联合数学、科技与美术做一次"桥梁设计挑战"？

17. 设计一个"环保主题"跨学科综合实践活动方案。

18. 将编程融入语文教学，可以有哪些创新形式？

19. 历史课能否用心理学视角分析人物决策？

20. 请给出一个"非遗项目"跨学科探究案例模板。

3 学习评价：科学反馈，促进成长

21. 请帮我设计一个"阅读理解能力"的多维评价标准。

22. 请帮学生生成学习报告，突出个性化建议。

23. 设计一份实验操作的观察评价表，需要考虑哪些维度？

24. 针对作文批改，如何提出建设性优化意见？

25. 请给出一套探究性学习成果的评价量表。

26. 如何通过错题分析找到班级共性薄弱点？

27. 针对学困生，怎样定制个性化的成长目标？

28. 评价一场辩论赛，最重要的标准有哪些？

29. 能否辅助生成期中考试后的班级学习分析报告？

30. 请设计一份跨学科项目的学生自评表。

4 班级管理：优化氛围，解决难题

31. 面对晨读纪律差，如何用 AI 设计趣味签到？

32. 针对"写作业拖拉"的问题，能否设计激励方案？

33. 班干部轮岗制执行后，如何用表格追踪效果？

34. 针对班级冷淡期，如何策划一次破冰活动？

35. 如何帮助学生用成长记录卡反思情绪起伏？

36. 有哪些方法可以减少课间跑动带来的安全隐患？

37. 针对学困生，家长会怎么开才能正向引导？

38. 如何用班会课提升学生团队协作意识？

39. 学生出现争执，怎样用"非暴力沟通法"介入？

40. 请帮我设计一个适合初中的班级荣誉激励机制。

5 家校沟通：合力育人，促进理解

41. 面对过度焦虑的家长，如何解释"快乐学习"的必要性？

42. 请给我设计一个关于"手机管理"的家长沟通提纲。

43. 针对家庭作业压力大，家校协同可以怎么做？

44. 怎样邀请家长参与班级活动，提升参与感？

45. 有哪些有效的方法，把生涯规划理念传递给家长？

46. 当家长质疑学生成绩下降时，如何用数据与成长曲线沟通？

47. 针对个别家长过度干涉，怎么保持边界又有效支持？

48. 请帮我生成家长会PPT，突出共性与个性需求。

49. 如何借助家委会力量，解决班级活动组织难题？

50. 面对"不愿沟通型家长"，如何用问题引导破冰？

DeepSeek 每日打卡
任务清单（30 天）

在阅读《DeepSeek 高效学习法》一书的过程中，建议同学们行动起来，制订一个以 30 天为标准的与 AI 亲密接触的计划。围绕兴趣、学科学习、时间管理、生涯探索等主题，每天一问，你视野的开阔与思维的精进将显而易见。

第1周：兴趣探索 × 学科学习

1. 我最感兴趣的事情是_____，可以帮我找到哪些延伸方向？

2. 最近学数学的哪一部分最让我头疼？请帮我拆解步骤。

3. 我最喜欢的一本书是_____，请帮我推荐三本类似的书。

4. 英语单词老是记不住，有没有适合我的记忆方法？

5. 今天学到的知识中，最有意思的一点是_____，请帮我拓展更多案例。

6. 请帮我总结这周的学习重点，制作一个思维导图。

7. 我想尝试做个小研究，能帮我设计一个有趣的主题吗？

8. 请用生活中的例子，帮我讲明白"分数除法"。

9. 历史和地理这两科，有哪些可以一起学习的小项目？

10. 英语作文不会写开头，帮我写三个不同风格的例子吧。

11. 数学公式记不住，有哪些故事或图片记忆法？

12. 科学知识能用来写小说吗？帮我设计一个科幻故事梗概。

13. 语文阅读题常丢分，帮我找找常见失分原因和改进方法。

14. 我会用一句话总结这周学习情况，请帮我生成一条朋友圈文案。

15. 我的早自习效率不高，请帮我设计一个改进方案。

16. 这周的作业量比较大，帮我制定一个科学的每日计划表。

17. 面对假期学习任务，帮我拆分目标，规划每日进度。

18. 我容易拖延，帮我找出原因，并给我三个解决建议。

19. 帮我分析一下最近的考试成绩，找到最薄弱的环节。

20. 请帮我推荐五个提升学习专注力的小技巧。

21. 总结一下这周最大的收获，并帮我写成一封给自己的表扬信。

22. 我最喜欢的三门学科分别是_____，帮我看看它们对应哪些职业。

23. 如果我想当作家，帮我规划一份训练计划吧。

24. 职业体验活动怎么设计？请帮我出一个创意方案。

25. 我想采访一位老师或家长，请帮我列一份提纲。

26. 未来世界的热门职业有哪些？帮我介绍五个新兴职业。

27. 帮我写一份 10 年后的理想生活场景描述。

28. 我最崇拜的人是_____，帮我整理他的成长经历和特质。

29. 总结我最近的成长关键词，并帮我设计一张"个人成长海报"。

30. 我会用一句话写下我这个月的成长宣言，请帮我优化成一条金句。

每一个好问题，都是认识世界的一把钥匙；每一天打卡，都是成为高手的一小步。愿你成为提问高手和AI时代的超级学习者。

扫码获取电子版文件

让孩子真正掌握学习的主动权

成长为 AI 时代的首席提问官与超级学习者